● 浙江生物多样性保护研究系列 ●

Biodiversity Conservation Research Series in Zhejiang, China

百山祖国家公园蜜源植物图鉴

Nectar Plants Atlas of Baishanzu National Park

刘萌萌　李泽建　王军峰　著

 中国农业科学技术出版社

China Agricultural Science and Technology Press

图书在版编目（CIP）数据

百山祖国家公园蜜源植物图鉴 / 刘萌萌等著. —北京：中国农业科学技术出版社，2020.10

ISBN 978-7-5116-4870-9

Ⅰ.①百… Ⅱ.①刘… Ⅲ.①国家公园—蜜粉源植物—庆元县—图集 Ⅳ.①S897-64

中国版本图书馆 CIP 数据核字（2020）第 125476 号

责任编辑　张志花
责任校对　贾海霞

出 版 者　中国农业科学技术出版社
　　　　　北京市中关村南大街12号　　邮编：100081
电　　话　（010）82106636（编辑室）　（010）82109702（发行部）
　　　　　（010）82109709（读者服务部）
传　　真　（010）82106631
网　　址　http://www.castp.cn
经 销 者　各地新华书店
印 刷 者　北京科信印刷有限公司
开　　本　185mm×260mm　1/16
印　　张　13
字　　数　200千字
版　　次　2020年10月第1版　2020年10月第1次印刷
定　　价　168.00元

Biodiversity Conservation Research Series in Zhejiang, China

Nectar Plants Atlas of Baishanzu National Park

Liu Mengmeng, Li Zejian, Wang Junfeng

China Agricultural Science and Technology Press

《百山祖国家公园蜜源植物图鉴》

著：刘萌萌　李泽建　王军峰

摄　影：王军峰　李泽建　吴东浩　蒋　明
　　　　蒋燕锋　潘心禾　谢建秋　郑晓鸣
　　　　叶和军　葛永金　洪　震

内容简介

　　蜜源植物是指能够为蜜蜂提供花粉及花蜜的一类植物的统称，分主要蜜源植物和辅助蜜源植物两大类。蜜源植物是蜜蜂赖以生存的物质基础，决定着蜜蜂蜂群的繁殖、生产与消长。《百山祖国家公园蜜源植物图鉴》一书是作者团队成员经过近三年（2017—2019年）的详细调查写成的一部科普性较强、可读性较强的蜜源植物专题著作。本书是李泽建博士领衔的丽水生物多样性保护与监测创新研究团队出版的第三部著作。该书立足于百山祖国家公园，精选蜜源植物图片300余张，为研究蜜源植物种类提供了重要基础材料，也为国内外养蜂企业特别是华东地区养蜂企业寻求蜜源植物来源提供了详细参考。

　　《百山祖国家公园蜜源植物图鉴》的顺利出版得到了丽水学院新进博士科研启动人才专项经费和华东药用植物园科研管理中心部分项目的大力资助。本书提供百山祖国家公园蜜源植物170种，分为野生种类与栽培种类两个部分（其中野生种类隶属43科83属96种，栽培种类隶属36科64属74种），为丰富百山祖国家公园蜜源植物物种数据库提供了重要的基础数据，也为展现百山祖国家公园生物多样性提供了有力证据。由于时间仓促，书中不足之处在所难免，敬请各位读者批评指正！

目 录

第二部分　栽培种类

目
录

9

第 一 部 分

野 生 种 类

- ★ 百合科 Liliaceae
- ★ 车前科 Plantaginaceae
- ★ 大戟科 Euphorbiaceae
- ★ 冬青科 Aquifoliaceae
- ★ 豆科 Leguminosae
- ★ 杜鹃花科 Ericaceae
- ★ 胡颓子科 Elaeagnaceae
- ★ 堇菜科 Violaceae
- ★ 旌节花科 Stachyuraceae
- ★ 菊科 Compositae
- ★ 苦木科 Simaroubaceae
- ★ 蓼科 Polygonaceae
- ★ 马鞭草科 Verbenaceae

- ★ 毛茛科 Ranunculaceae
- ★ 猕猴桃科 Actinidiaceae
- ★ 木犀科 Oleaceae
- ★ 葡萄科 Vitaceae
- ★ 漆树科 Anacardiaceae
- ★ 茜草科 Rubiaceae
- ★ 蔷薇科 Rosaceae
- ★ 茄科 Solanaceae
- ★ 忍冬科 Caprifoliaceae
- ★ 桑科 Moraceae
- ★ 山茶科 Theaceae
- ★ 山茱萸科 Cornaceae
- ★ 十字花科 Cruciferae

★ 石竹科 Caryophyllaceae

★ 山龙眼科 Proteaceae

★ 鼠李科 Rhamnaceae

★ 松科 Pinaceae

★ 藤黄科 Guttiferae

★ 卫矛科 Celastraceae

★ 无患子科 Sapindaceae

★ 梧桐科 Sterculiaceae

★ 五加科 Araliaceae

★ 玄参科 Scrophulariaceae

★ 旋花科 Convolvulaceae

★ 荨麻科 Urticaceae

★ 鸭跖草科 Commelinaceae

★ 罂粟科 Papaveraceae

★ 樟科 Lauraceae

★ 棕榈科 Palmae

★ 酢浆草科 Oxalidaceae

一、百合科 Liliaceae

（一）菝葜属 *Smilax*

1. 菝葜 *Smilax china* L.

| 分　布 | 浙江、山东、江苏、福建、台湾、江西、安徽、河南、湖北、四川、云南、贵州、湖南、广西、广东。 |

| 花　期 | 2—5月。 |

（二）萱草属 *Hemerocallis*

2. 萱草 *Hemerocallis fulva*（L.）L.

分布 浙江、江西。

花期 5—7月。

二、车前科 Plantaginaceae

（一）车前属 *Plantago*

3. 车前 *Plantago asiatica* L.

分 布 浙江、黑龙江、吉林、辽宁、内蒙古、河北、山西、陕西、甘肃、新疆、山东、江苏、安徽、江西、福建、台湾、河南、湖北、湖南、广东、广西、海南、四川、贵州、云南、西藏。

花 期 4—8月。

（二）薄荷属 *Mentha*

4. 薄荷 *Mentha canadensis* L.

分 布 浙江[①]及全国各地。

花 期 7—9月。

---

① 浙江省属于长江以南、秦岭以南、华东地区等，但为突出浙江省的分布状况，本书特将浙江省单独列出。

（三）牛至属 *Origanum*

5. 牛至 *Origanum vulgare* L.

分　布　浙江、河南、江苏、安徽、江西、福建、台湾、湖北、湖南、广东、贵州、四川、云南、陕西、甘肃、新疆、西藏。

花　期　7—9月。

（四）水苏属 *Stachys*

6. 水苏 *Stachys japonica* Miq.

分　布　浙江、辽宁、内蒙古、河北、河南、山东、江苏、安徽、江西、福建。

花　期　5—7月。

（五）夏枯草属 *Prunella*

7. 夏枯草 *Prunella vulgaris* L.

分 布　浙江、陕西、甘肃、新疆、河南、湖北、湖南、江西、福建、台湾、广东、广西、贵州、四川、云南。

花 期　4—6月。

（六）香薷属 *Elsholtzia*

8. 香薷 *Elsholtzia ciliata*（Thunb.）Hyland.

分　布　浙江及全国各地（新疆、青海除外）。

花　期　7—10月。

（七）野芝麻属 *Lamium*

9. 野芝麻 *Lamium barbatum* Sieb. et Zucc.

分 布 浙江、陕西、甘肃、湖北、湖南、四川、贵州及东北、华北、华东、西北、中南、西南地区。

花 期 4—6月。

（八）紫苏属 *Perilla*

10. 紫苏 *Perilla frutescens*（L.）Britt.

分 布　浙江及全国各地。

花 期　8—11月。

三、大戟科 Euphorbiaceae

乌桕属 Sapium

11. 山乌桕 Sapium discolor（Champ. ex Benth.）Muell. Arg.

分　布　浙江、云南、四川、贵州、湖南、广西、广东、江西、安徽、福建、台湾。

花　期　4—6月。

12. 乌桕 *Sapium sebiferum*（L.）Roxb.

分 布 浙江及黄河以南各地，北达陕西、甘肃。

花 期 4—8月。

四、冬青科 Aquifoliaceae

冬青属 Ilex

13. 铁冬青 *Ilex rotunda* Thunb.

分　布　浙江、江苏、安徽、江西、福建、台湾、湖北、湖南、广东、香港、广西、海南、贵州、云南。

花　期　4月。

五、豆科 Leguminosae

（一）杭子梢属 *Campylotropis*

14. 杭子梢 *Campylotropis macrocarpa*（Bge.）Rehd.

分　布　浙江、河北、山西、陕西、甘肃、山东、江苏、安徽、江西、福建、河南、湖北、湖南、广西、四川、贵州、云南、西藏。

花　期　5—6月。

（二）胡枝子属 *Lespedeza*

15. 美丽胡枝子 *Lespedeza thunbergii* subsp. *formosa*（Vogel）H. Ohashi

分 布 中国浙江、河北、陕西、甘肃、山东、江苏、安徽、江西、福建、河南、湖北、湖南、广东、广西、四川、云南等；朝鲜、日本、印度。

花 期 7—9月。

（三）木蓝属 *Indigofera*

16. 多花木蓝 *Indigofera amblyantha* Craib

分　布　浙江、陕西、甘肃、山西、河北、河南、安徽、江苏、湖南、湖北、
　　　　贵州、四川。

花　期　5—7月。

（四）云实属 *Caesalpinia*

17. 云实 *Caesalpinia decapetala*（Roth）Alston

分　布　浙江、陕西、甘肃、河北、河南、安徽、江苏、湖北、湖南、江西、福建、广东、广西、云南、四川、贵州。

花　期　4—10月。

（五）野豌豆属 *Vicia*

18. 救荒野豌豆 *Vicia sativa* L.

分　布　浙江及全国各地。

花　期　4月。

六、杜鹃花科 Ericaceae

（一）杜鹃属 *Rhododendron*

19. 杜鹃 *Rhododendron simsii* Planch.

分　布　浙江、江苏、安徽、江西、福建、台湾、湖北、湖南、广东、广西、四川、贵州、云南。

花　期　4—5月。

（二）越桔属 *Vaccinium*

20. 短尾越桔 *Vaccinium carlesii* Dunn

分　布　浙江、安徽、江西、福建、湖南、广东、广西、贵州。

花　期　5—6月。

七、胡颓子科 Elaeagnaceae

胡颓子属 *Elaeagnus*

21. 牛奶子 *Elaeagnus umbellata* Thunb.

分 布　浙江、陕西、甘肃、青海、宁夏、辽宁、湖北及华北、华东、西南
地区。

花 期　4—5月。

八、菫菜科 Violaceae

菫菜属 *Viola*

22. 紫花地丁 *Viola philippica* Cav. Icons *et* Descr. Pl. Hisp

分 布 浙江、黑龙江、吉林、辽宁、内蒙古、河北、山西、陕西、甘肃、山东、江苏、安徽、江西、福建、台湾、河南、湖北、湖南、广西、四川、贵州、云南。

花 期 4—9月。

九、旌节花科 Stachyuraceae

旌节花属 *Stachyurus*

23. 中国旌节花 *Stachyurus chinensis* Franch.

> **分　布**　浙江、河南、陕西、西藏、安徽、江西、湖南、湖北、四川、贵州、福建、广东、广西、云南。

> **花　期**　3—4月。

十、菊科 Compositae

（一）飞蓬属 *Erigeron*

24. 一年蓬 *Erigeron annuus*（L.）Pers.

分　布　浙江、吉林、河北、河南、山东、江苏、安徽、江西、福建、湖南、湖北、四川、西藏。

花　期　6—9月。

（二）鬼针草属 *Bidens*

25. 鬼针草 *Bidens pilosa* L.

分 布 浙江及华东、华中、华南、西南地区。

花 期 8—11月。

（三）黄鹌菜属 *Youngia*

26. 黄鹌菜 *Youngia japonica*（L.）

分布　浙江、北京、陕西、甘肃、山东、江苏、安徽、江西、福建、河南、湖北、湖南、广东、广西、四川、云南、西藏。

花　期　4—10月。

（四）菊属 *Dendranthema*

27. 野菊 *Dendranthema indicum*（L.）Des Moul.

分　布　浙江及东北、华北、华中、华南、西南地区。

花　期　6—11月。

（五）苦苣菜属 *Sonchus*

28. 苦苣菜 *Sonchus oleraceus* L.

分 布 浙江、辽宁、河北、山西、陕西、甘肃、青海、新疆、山东、江苏、安徽、江西、福建、台湾、河南、湖北、湖南、广西、四川、云南、贵州、西藏。

花 期 5—12月。

（六）马兰属 *Kalimeris*

29. 马兰 *Kalimeris indica*（L.）Sch.-Bip.

分　布　浙江、辽宁、陕西、山东、安徽、江苏、河南、湖北、湖南、江西、广东、广西、福建、台湾、四川、云南、贵州。

花　期　5—9月。

（七）蒲公英属 *Taraxacum*

30. 蒲公英 *Taraxacum mongolicum* Hand.-Mazz.

分　布　浙江、黑龙江、吉林、辽宁、内蒙古、河北、山西、陕西、甘肃、青海、山东、江苏、安徽、福建、台湾、河南、湖北、湖南、广东、四川、贵州、云南。

花　期　4—9月。

（八）千里光属 *Senecio*

31. 千里光 *Senecio scandens* Buch.-Ham. ex D. Don

分　布　浙江、西藏、陕西、湖北、四川、贵州、云南、安徽、江西、福建、
　　　　湖南、广东、广西、台湾。

花　期　8月至翌年4月。

十一、苦木科 Simaroubaceae

臭椿属 *Ailanthus*

32. 臭椿 *Ailanthus altissima*（Mill.）Swingle

> **分 布** 浙江及全国各地（黑龙江、吉林、新疆、青海、宁夏、甘肃和海南除外）。

> **花 期** 4—5月。

十二、蓼科 Polygonaceae

（一）何首乌属 *Fallopia*

33. 何首乌 *Fallopia multiflora*（Thunb.）Harald.

分 布 浙江、陕西、甘肃、四川、云南、贵州及华东、华中、华南地区。

花 期 8—9月。

（二）虎杖属 *Reynoutria*

34. 虎杖 *Reynoutria japonica* Houtt.

分布 浙江、陕西、甘肃、四川、云南、贵州及华东、华中、华南地区。

花期 8—9月。

（三）蓼属 *Polygonum*

35. 火炭母 *Polygonum chinense* L.

分　布　浙江、陕西、甘肃及华东、华中、华南和西南地区。

花　期　7—9月。

36. 尼泊尔蓼 *Polygonum nepalense* Meisn.

分 布　浙江及全国各地（新疆除外）。

花 期　5—8月。

37. 水蓼 *Polygonum hydropiper* L.

分 布 浙江及全国各地。

花 期 5—9月。

（四）荞麦属 *Fagopyrum*

38. 金荞麦 *Fagopyrum dibotrys*（D. Don）Hara

分　布　浙江、陕西及华东、华中、华南、西南地区。

花　期　7—9月。

十三、马鞭草科 Verbenaceae

大青属 *Clerodendrum*

39. *海州常山 Clerodendrum trichotomum* Thunb.

分 布 浙江、辽宁、甘肃、陕西以及华北、中南、西南地区。

花 期 6—11月。

十四、毛茛科 Ranunculaceae

毛茛属 *Ranunculus*

40. 扬子毛茛 *Ranunculus sieboldii* Miq.

分　布　浙江、陕西、甘肃、湖北、湖南、江西、江苏、福建、四川、云南、贵州、广西。

花　期　5—10月。

十五、猕猴桃科 Actinidiaceae

猕猴桃属 *Actinidia*

41. 中华猕猴桃 *Actinidia chinensis* Planch.

分　布　浙江、陕西、湖北、湖南、河南、安徽、江苏、江西、福建、广东、广西。

花　期　4—5月。

十六、木犀科 Oleaceae

（一）木犀属 *Osmanthus*

42. 木犀 *Osmanthus fragrans*（Thunb.）Lour.

分　布　浙江及全国各地。

花　期　9—10月上旬。

（二）女贞属 *Ligustrum*

43. 女贞 *Ligustrum lucidum* Ait.

分　布　浙江及长江以南至华南、西南地区，向西北分布至陕西、甘肃。

花　期　5—7月。

十七、葡萄科 Vitaceae

乌蔹莓属 *Cayratia*

44. 乌蔹莓 *Cayratia japonica*（Thunb.）Gagnep.

分 布　浙江、陕西、河南、山东、安徽、江苏、湖北、湖南、福建、台湾、广东、广西、海南、四川、贵州、云南。

花 期　3—8月。

十八、漆树科 Anacardiaceae

盐肤木属 *Rhus*

45. 盐肤木 *Rhus chinensis* Mill.

分　布　浙江及全国各地（黑龙江、吉林、辽宁、内蒙古和新疆除外）。

花　期　8—9月。

十九、茜草科 Rubiaceae

拉拉藤属 *Galium*

46. 猪殃殃 *Galium aparine* Linn. var. *tenerum*（Gren. *et* Godr.）Rchb.

分　布　浙江及全国各地（海南除外）。

花　期　3—7月。

二十、蔷薇科 Rosaceae

（一）蔷薇属 *Rosa*

47. 小果蔷薇 *Rosa cymosa* Tratt.

分　布　浙江、江西、江苏、安徽、湖南、四川、云南、贵州、福建、广东、广西、台湾。

花　期　5—6月。

（二）蛇莓属 *Duchesnea*

48. 蛇莓 *Duchesnea indica*（Andr.）Focke

分 布 浙江及全国各地（辽宁以南）。

花 期 6—8月。

（三）石楠属 *Photinia*

49. 楞木石楠 *Photinia davidsoniae* Rehd. et Wils.

分 布　浙江、陕西、江苏、安徽、江西、湖南、湖北、四川、云南、福建、
　　　　广东、广西。

花 期　5月。

（四）委陵菜属 *Potentilla*

50. 蛇含委陵菜 *Potentilla kleiniana* Wight *et* Arn.

分布 浙江、辽宁、陕西、山东、河南、安徽、江苏、湖北、湖南、江西、福建、广东、广西、四川、贵州、云南、西藏。

花期 4—9月。

（五）悬钩子属 *Rubus*

51. 白叶莓 *Rubus innominatus* S. Moore

分　布　浙江、陕西、甘肃、河南、湖北、湖南、江西、安徽、福建、广东、广西、四川、贵州、云南。

花　期　5—6月。

52.高粱泡 *Rubus lambertianus* Ser.

分　布　浙江、河南、湖北、湖南、安徽、江西、江苏、福建、台湾、广东、广西、云南。

花　期　7—8月。

53. 茅莓 *Rubus parvifolius* L.

分 布 浙江、黑龙江、吉林、辽宁、河北、河南、山西、陕西、甘肃、湖北、湖南、江西、安徽、山东、江苏、福建、台湾、广东、广西、四川、贵州。

花 期 5—6月。

54. 蓬蘽 *Rubus hirsutus* Thunb.

55. 山莓 *Rubus corchorifolius* L. f.

分　布　浙江及全国各地（东北地区、甘肃、青海、新疆、西藏除外）。

花　期　2—3月。

二十一、茄科 Solanaceae

（一）假酸浆属 *Nicandra*

56. 假酸浆 *Nicandra physalodes*（Linn.）Gaertn.

分 布 浙江、河北、甘肃、四川、贵州、云南、西藏。

花 期 6—8月。

（二）枸杞属 *Lycium*

57. 枸杞 *Lycium chinense* Mill.

分 布 浙江，东北地区，河北、山西、陕西、甘肃，以及西南、华中、华南、华东地区。

花 期 6—11月。

（三）茄属 *Solanum*

58. 牛茄子 *Solanum surattense* Burm. f.

分 布　浙江、辽宁、河南、江苏、湖南、江西、福建、台湾、云南、四川、
　　　　贵州、广西、广东、海南。

花 期　6—9月。

二十二、忍冬科 Caprifoliaceae

（一）荚蒾属 *Viburnum*

59. 茶荚蒾 *Viburnum setigerum* Hance

分 布　浙江、陕西、江苏、安徽、湖北、湖南、江西、福建、台湾、广东、
　　　　广西、贵州、云南、四川。

花 期　4—5月。

60. 蝴蝶戏珠花 *Viburnum plicatum* Thunb. var. *tomentosum*（Thunb.）Miq.

分 布 浙江、湖北、贵州。

花 期 4—5月。

61. 宜昌荚蒾 *Viburnum erosum* Thunb.

分 布 浙江、陕西、山东、江苏、安徽、江西、福建、台湾、河南、湖北、湖南、广东、广西、四川、贵州、云南。

花 期 4—5月。

62. 荚蒾 *Viburnum dilatatum* Thunb.

分 布 浙江、河北、陕西、江苏、安徽、江西、福建、台湾、河南、湖北、湖南、广东、广西、四川、贵州、云南。

花 期 5—6月。

（二）接骨木属 *Sambucus*

63. 接骨草 *Sambucus chinensis* Lindl.

分 布 浙江、陕西、甘肃、江苏、安徽、江西、福建、台湾、河南、湖北、
湖南、广东、广西、四川、贵州、云南、西藏。

花 期 4—5月。

（三）忍冬属 *Lonicera*

64. 忍冬 *Lonicera japonica* Thunb.

分 布　浙江及全国各地（黑龙江、内蒙古、宁夏、青海、新疆、海南和西藏无自然生长除外）。

花 期　4—6月。

二十三、桑科 Moraceae

（一）构属 *Broussonetia*

65. 构树 *Broussonetia papyrifera*（Linn.）L'Hér. ex Vent.

分 布 浙江及全国各地。

花 期 4—5月。

（二）葎草属 *Humulus*

66. 葎草 *Humulus scandens*（Lour.）Merr.

分 布　浙江及全国各地（新疆、青海除外）。

花 期　3—6月。

二十四、山茶科 Theaceae

（一）柃木属 *Eurya*

67. *翅柃 Eurya alata* Kobuski

分　布　浙江、陕西、安徽、江西、福建、湖北、湖南、广东、广西、四川、贵州。

花　期　10—11月。

68. 微毛柃 *Eurya hebeclados* Ling

分　布 浙江、江苏、安徽、江西、福建、湖北、湖南、广东、广西、四川、重庆、贵州。

花　期 12月至翌年1月。

（二）木荷属 *Schima*

69. 木荷 *Schima superba* Gardn. *et* Champ.

分　布　浙江、福建、台湾、江西、湖南、广东、海南、广西、贵州。

花　期　6—8月。

（三）山茶属 *Camellia*

70. 红皮糙果茶 *Camellia crapnelliana* Tutch.

分 布 浙江、香港、广西、福建、江西。

花 期 9月。

71. 毛柄连蕊茶 *Camellia fraterna* Hance

分布 浙江、江西、江苏、安徽、福建。

花期 4—5月。

72. 浙江红山茶 *Camellia chekiangoleosa* Hu

分 布 浙江、福建、江西、湖南。

花 期 4月。

二十五、山茱萸科 Cornaceae

灯台树属 *Bothrocaryum*

73. 灯台树 *Bothrocaryum controversum*（Hemsl.）Pojark.

分 布 浙江、辽宁、河北、陕西、甘肃、山东、安徽、台湾、河南、广东、广西，以及长江以南地区。

花 期 5—6月。

二十六、十字花科 Cruciferae

（一）蔊菜属 *Rorippa*

74. 蔊菜 *Rorippa indica*（L.）Hiern.

分　布　浙江、山东、河南、江苏、福建、台湾、湖南、江西、广东、陕西、甘肃、四川、云南。

花　期　4—6月。

（二）荠属 *Capsella*

75. 荠 *Capsella bursa-pastoris*（Linn.）Medic.

分　布　浙江及全国各地。

花　期　4—6月。

二十七、石竹科 Caryophyllaceae

（一）鹅肠菜属 *Myosoton*

76. 鹅肠菜 *Myosoton aquaticum*（L.）Moench

分 布　浙江及全国各地。

花 期　5—8月。

（二）繁缕属 *Stellaria*

77. 繁缕 *Stellaria media*（L.）Cyr.

分　布　浙江及全国各地（黑龙江、新疆除外）。

花　期　6—7月。

二十八、山龙眼科 Proteaceae

山龙眼属 *Helicia*

78. 越南山龙眼 *Helicia cochinchinensis* Lour.

分　布　浙江、云南、四川、广西、广东、湖南、湖北、江西、福建、台湾。

花　期　6—10月。

二十九、鼠李科 Rhamnaceae

枳椇属 *Hovenia*

79. 枳椇 *Hovenia acerba* Lindl.

分　布　浙江、甘肃、陕西、河南、安徽、江苏、江西、福建、广东、广西、湖南、湖北、四川、云南、贵州。

花　期　5—7月。

三十、松科 Pinaceae

松属 *Pinus*

80. 马尾松 *Pinus massoniana* Lamb.

分　布　浙江、江苏（六合、仪征）、安徽（淮河流域、大别山以南）、河南西部峡口、陕西汉水流域以南、长江中下游地区，南达福建、广东、台湾北部低山及西海岸，西至四川中部大相岭东坡，西南至贵州贵阳、毕节及云南富宁。

花　期　4—5月。

三十一、藤黄科 Guttiferae

金丝桃属 *Hypericum*

81. 金丝桃 *Hypericum monogynum* L.

分 布 浙江、河北、陕西、山东、江苏、安徽、江西、福建、台湾、河南、湖北、湖南、广东、广西、四川、贵州。

花 期 5—8月。

三十二、卫矛科 Celastraceae

南蛇藤属 *Celastrus*

82. 短梗南蛇藤 *Celastrus rosthornianus* Loes.

分　布　浙江、甘肃、陕西、河南、安徽、江西、湖北、湖南、贵州、四川、福建、广东、广西、云南。

花　期　4—5月。

三十三、无患子科 Sapindaceae

（一）栾树属 *Koelreuteria*

83. 全缘叶栾树 *Koelreuteria bipinnata* Franch. var. *integrifoliola*（Merr.）T. Chen

分　布　浙江、云南、贵州、四川、湖北、湖南、广西、广东。

花　期　7—9月。

（二）无患子属 *Sapindus*

84. 无患子 *Sapindus mukorossi* Gaertn.

分 布 浙江及我国东部、南部至西南部地区。

花 期 3—5月。

三十四、梧桐科 Sterculiaceae

梧桐属 *Firmiana*

85. 梧桐 *Firmiana platanifolia*（L. f.）Marsili

分 布 浙江及全国各地。

花 期 6月。

三十五、五加科 Araliaceae

树参属 *Dendropanax*

86. 树参 *Dendropanax dentiger*（Harms）Merr.

分 布 浙江、安徽、湖南、湖北、四川、贵州、云南、广西、广东、江西、福建、台湾。

花 期 8—10月。

三十六、玄参科 Scrophulariaceae

（一）泡桐属 *Paulownia*

87. 白花泡桐 *Paulownia fortunei*（Seem.）Hemsl.

| 分　布 | 浙江、安徽、福建、台湾、江西、湖北、湖南、四川、云南、贵州、广东、广西、山东、河北、河南、陕西。 |

| 花　期 | 3—4月。 |

（二）婆婆纳属 *Veronica*

88. 阿拉伯婆婆纳 *Veronica persica* Poir.

分 布 浙江，华东、华中地区，贵州、云南、西藏、新疆。

花 期 3—5月。

三十七、旋花科 Convolvulaceae

牵牛属 *Pharbitis*

89. 圆叶牵牛 *Pharbitis purpurea*（L.）Voisgt

分　布　浙江及我国大部分地区。

花　期　6—8月。

三十八、荨麻科 Urticaceae

苎麻属 *Boehmeria*

90. 小赤麻 *Boehmeria spicata*（Thunb.）Thunb.

分 布 浙江、江西、江苏、湖北、河南、山东。

花 期 6—8月。

三十九、鸭跖草科 Commelinaceae

鸭跖草属 *Commelina*

91. 鸭跖草 *Commelina communis* Linn.

分 布　浙江及云南、四川、甘肃以东地区。

花 期　7—9月。

四十、罂粟科 Papaveraceae

博落回属 *Macleaya*

92. 博落回 *Macleaya cordata*（Willd.）R. Br.

分　布　浙江及我国长江以南、南岭以北的大部分地区均有分布，南至广东，西至贵州，西北达甘肃南部。

花　期　6—11月。

四十一、樟科 Lauraceae

（一）木姜子属 *Litsea*

93. 木姜子 *Litsea pungens* Hemsl.

分 布 浙江南部及湖北、湖南、广东、广西、四川、贵州、云南、西藏、甘肃、陕西、河南、山西。

花 期 3—5月。

（二）山胡椒属 *Lindera*

94. 香叶树 *Lindera communis* Hemsl.

分　布　浙江、陕西、甘肃、湖南、湖北、江西、福建、台湾、广东、广西、云南、贵州、四川。

花　期　3—4月。

四十二、棕榈科 Palmae

棕榈属 *Trachycarpus*

95. 棕榈 *Trachycarpus fortunei*（Hook.）H. Wendl.

分 布　浙江及长江以南地区。

花 期　4月。

四十三、酢浆草科 Oxalidaceae

酢浆草属 *Oxalis*

96. 酢浆草 *Oxalis corniculata* L.

分 布 浙江及全国各地。

花 期 2—9月。

第二部分

栽 培 种 类

★ 芭蕉科 Musaceae

★ 百合科 Liliaceae

★ 大戟科 Euphorbiaceae

★ 豆科 Leguminosae

★ 杜仲科 Eucommiaceae

★ 海桐花科 Pittosporaceae

★ 禾本科 Gramineae

★ 胡麻科 Pedaliaceae

★ 葫芦科 Cucurbitaceae

★ 夹竹桃科 Apocynaceae

★ 菊科 Compositae

★ 壳斗科 Fagaceae

★ 蓝果树科 Nyssaceae

★ 藜科 Chenopodiaceae

★ 蓼科 Polygonaceae

★ 落葵科 Basellaceae

★ 马鞭草科 Verbenaceae

★ 木犀科 Oleaceae

★ 蔷薇科 Rosaceae

★ 茄科 Solanaceae

★ 伞形科 Umbelliferae

★ 山茶科 Theaceae

★ 山柑科 Capparaceae

★ 十字花科 Cruciferae

★ 石榴科 Punicaceae

★ 柿科 Ebenaceae

★ 鼠李科 Rhamnaceae

★ 薯蓣科 Dioscoreaceae

★ 睡莲科 Nymphaeaceae

★ 仙人掌科 Cactaceae

★ 小檗科 Berberidaceae

★ 杨柳科 Salicaceae

★ 杨梅科 Myricaceae

★ 鸢尾科 Iridaceae

★ 芸香科 Rutaceae

★ 紫葳科 Bignoniaceae

一、芭蕉科 Musaceae

芭蕉属 *Musa*

97. 芭蕉 *Musa basjoo* Sieb. *et* Zucc.

分 布 浙江，秦岭淮河以南地区，台湾可能有野生。

花 期 夏季至冬季。

二、百合科 Liliaceae

（一）葱属 *Allium*

98. 葱 *Allium fistulosum* L.

分 布　浙江及全国各地。

花 期　4—7月。

99. 韭 *Allium tuberosum* Rottl. ex Spreng.

分 布 浙江及全国各地。

花 期 7—9月。

（二）萱草属 *Hemerocallis*

100. 黄花菜 *Hemerocallis citrina* Baroni

分　布　浙江，秦岭以南地区（包括甘肃和陕西的南部，不包括云南），以及河北、山西和山东。

花　期　5—9月。

三、大戟科 Euphorbiaceae

蓖麻属 *Ricinus*

101. 蓖麻 *Ricinus communis* L.

分 布 浙江及西南、华南地区。

花 期 6—9月（或几乎全年）。

四、豆科 Leguminosae

（一）菜豆属 *Phaseolus*

102. 菜豆 *Phaseolus vulgaris* Linn.

分　布　浙江及全国各地。

花　期　6—8月。

（二）车轴草属 *Trifolium*

103. 白车轴草 *Trifolium repens* L.

分布 浙江及全国各地。

花期 5—10月。

104. 红车轴草 *Trifolium pratense* L.

分 布 浙江及全国各地。

花 期 5—9月。

（三）刺槐属 *Robinia*

105. 刺槐 *Robinia pseudoacacia* L.

分　布　浙江及全国各地。

花　期　4—6月。

（四）大豆属 *Glycine*

106. 大豆 *Glycine max*（Linn.）Merr.

分 布　浙江及全国各地。

花 期　6—7月。

（五）槐属 *Sophora*

107. 槐 *Sophora japonica* Linn.

分 布　浙江及全国各地。

花 期　7—8月。

（六）黄耆属 *Astragalus*

108. 紫云英 *Astragalus sinicus* L.

分 布　浙江及长江流域。

花 期　2—6月。

（七）金合欢属 *Acacia*

109. 银荆 *Acacia dealbata* Link

分 布　浙江、云南、广西、福建。

花 期　4月。

（八）苜蓿属 *Medicago*

110. 紫苜蓿 *Medicago sativa* L.

分 布 浙江及全国各地。

花 期 5—7月。

（九）野豌豆属 *Vicia*

111. 蚕豆 *Vicia faba* L.

分　布　浙江及全国各地。

花　期　4—5月。

（十）紫荆属 *Cercis*

112. 紫荆 *Cercis chinensis* Bunge

分 布 浙江、河北、河南、山东、江苏、湖北、湖南、江西、福建、广东、广西、云南、四川。

花 期 3—4月。

（十一）紫穗槐属 *Amorpha*

113. 紫穗槐 *Amorpha fruticosa* Linn.

分　布　浙江、黑龙江、吉林、辽宁、甘肃、陕西、山西、河北、河南、山东、安徽、江苏、河南、湖北、广西、四川。

花　期　5—10月。

五、杜仲科 Eucommiaceae

杜仲属 *Eucommia*

114. 杜仲 *Eucommia ulmoides* Oliver

分 布　浙江、陕西、甘肃、河南、湖北、四川、云南、贵州、湖南。

花 期　3月。

六、海桐花科 Pittosporaceae

海桐花属 *Pittosporum*

115. 海桐 *Pittosporum tobira*（Thunb.）Ait.

分　布　浙江及长江以南滨海区域。

花　期　4—6月。

七、禾本科 Grammeae

（一）稻属 *Oryza*

116. 稻 *Oryza sativa* L.

分 布 浙江及全国各地。

花 期 几乎全年。

（二）黑麦草属 *Lolium*

117. 黑麦草 *Lolium perenne* L.

分　布　浙江及全国各地。

花　期　5—7月。

（三）玉蜀黍属 *Zea*

118. 玉米 *Zea mays* L.

分 布 浙江及全国各地。

花 期 7—8月。

八、胡麻科 Pedaliaceae

胡麻属 *Sesamum*

119. 芝麻 *Sesamum indicum* L.

分 布　浙江及全国各地。

花 期　8—9月。

九、葫芦科 Cucurbitaceae

（一）冬瓜属 *Benincasa*

120. 冬瓜 *Benincasa hispida*（Thunb.）Cogn.

分 布　浙江及全国各地。

花 期　6—8月。

（二）黄瓜属 *Cucumis*

121. 黄瓜 *Cucumis sativus* L.

分 布 浙江及全国各地。

花 期 6—8月。

（三）苦瓜属 *Momordica*

122. 苦瓜 *Momordica charantia* L.

分布　浙江及全国各地。

花期　5—10月。

（四）南瓜属 *Cucurbita*

123. 南瓜 *Cucurbita moschata*（Duch. ex Lam.）Duch. ex Poiret

分 布 浙江及全国各地。

花 期 6—8月。

（五）丝瓜属 *Luffa*

124. 丝瓜 *Luffa cylindrica*（L.）Roem.

分　布　浙江及全国各地。

花　期　6—8月。

十、夹竹桃科 Apocynaceae

长春花属 *Catharanthus*

125. 长春花 *Catharanthus roseus*（L.）G. Don

分 布　浙江及西南、中南、华东地区。

花 期　几乎全年。

十一、菊科 Compositae

向日葵属 *Helianthus*

126. 向日葵 *Helianthus annuus* L.

分　布　浙江及全国各地。

花　期　7—9月。

十二、壳斗科 Fagaceae

栗属 *Castanea*

127. 栗 *Castanea mollissima* Bl.

分 布 浙江、除青海、宁夏、新疆、海南等少数地区外，广布南北各地，在广东止于广州近郊，在广西止于平果县，在云南东南部则越过河口向南至越南沙坝地区。

花 期 4—6月。

十三、蓝果树科 Nyssaceae

喜树属 *Camptotheca*

128. 喜树 *Camptotheca acuminata* Decne.

分 布　浙江、江苏、福建、江西、湖北、湖南、四川、贵州、广东、广西、
云南。

花 期　5—7月。

十四、藜科 Chenopodiaceae

地肤属 *Kochia*

129. 地肤 *Kochia scoparia*（L.）Schrad.

分　布　浙江及全国各地。

花　期　6—9月。

十五、蓼科 Polygonaceae

荞麦属 *Fagopyrum*

130. 荞麦 *Fagopyrum esculentum* Moench

分 布　浙江及全国各地。

花 期　5—9月。

十六、落葵科 Basellaceae

落葵薯属 *Anredera*

131. 落葵薯 *Anredera cordifolia*（Tenore）Steenis

分 布 浙江、江苏、福建、广东、四川、云南、北京。

花 期 6—10月。

十七、马鞭草科 Verbenaceae

马缨丹属 *Lantana*

132. 马缨丹 *Lantana camara* L.

分　布　浙江及全国各地。

花　期　全年开花。

十八、木犀科 Oleaceae

素馨属 *Jasminum*

133. 迎春花 *Jasminum nudiflorum* Lindl.

分 布 浙江、甘肃、陕西、四川、云南、西藏。

花 期 6月。

十九、蔷薇科 Rosaceae

（一）草莓属 *Fragaria*

134. 草莓 *Fragaria×ananassa* Duch.

分　布　浙江及全国各地。

花　期　4—5月。

（二）火棘属 *Pyracantha*

135. 火棘 *Pyracantha fortuneana*（Maxim.）Li

分 布　浙江、陕西、河南、江苏、福建、湖北、湖南、广西、贵州、云南、四川、西藏。

花 期　3—5月。

（三）梨属 *Pyrus*

136. 沙梨 *Pyrus pyrifolia*（Burm. f.）Nakai

分　布　浙江、安徽、江苏、江西、湖北、湖南、贵州、四川、云南、广东、广西、福建。

花　期　4月。

（四）李属 *Prunus*

137. 紫叶李 *Prunus cerasifera* f. *atropurpurea*（Jacq.）Rehd.

分 布 浙江及全国各地。

花 期 4月。

138. 李 *Prunus salicina* Lindl.

分　布　浙江、陕西、甘肃、四川、云南、贵州、湖南、湖北、江苏、江西、福建、广东、广西、台湾。

花　期　4月。

（五）枇杷属 *Eriobotrya*

139. 枇杷 *Eriobotrya japonica*（Thunb.）Lindl.

分　布　浙江、甘肃、陕西、河南、江苏、安徽、江西、湖北、湖南、四川、云南、贵州、广西、广东、福建、台湾。各地广行栽培，四川、湖北有野生的。

花　期　10—12月。

（六）苹果属 *Malus*

140. *垂丝海棠 Malus halliana* Koehne

分　布　浙江、江苏、安徽、陕西、四川、云南。

花　期　3—4月。

（七）蔷薇属 *Rosa*

141. 月季花 *Rosa chinensis* Jacq.

分　布　浙江及全国各地。

花　期　4—9月。

142. 缫丝花 *Rosa roxburghii* Tratt.

分 布　浙江、陕西、甘肃、江西、安徽、福建、湖南、湖北、四川、云南、
贵州、西藏。

花 期　5—7月。

（八）石楠属 *Photinia*

143. 红叶石楠 *Photinia × fraseri* Dress

分布 浙江、陕西、甘肃、河南、江苏、安徽、江西、湖南、湖北、福建、台湾、广东、广西、四川、云南、贵州。

花期 4—5月。

（九）桃属 *Amygdalus*

144. 桃 *Amygdalus persica* L.

分　布　浙江及全国各地。

花　期　3—4月。

（十）杏属 *Armeniaca*

145. 杏 *Armeniaca vulgaris* Lam.

分　布　浙江及全国各地。

花　期　3—4月。

（十一）樱属 *Cerasus*

146. 日本樱花 *Cerasus yedoensis*（Matsum.）Yu *et* Li

分　布　浙江、北京、陕西、山东、江苏、江西、湖北、湖南等。

花　期　4月。

147. 樱桃 *Cerasus pseudocerasus*（Lindl.）G. Don

分 布 浙江、辽宁、河北、陕西、甘肃、山东、河南、江苏、江西、四川。

花 期 3—4月。

二十、茄科 Solanaceae

（一）番茄属 *Lycopersicon*

148. 番茄 *Lycopersicon esculentum* Mill.

分　布　浙江及全国各地。

花　期　6—8月。

（二）辣椒属 *Capsicum*

149. 辣椒 *Capsicum annuum* L.

分 布 浙江及全国各地。

花 期 5—11月。

二十一、伞形科 Umbelliferae

芫荽属 *Coriandrum*

150. 芫荽 *Coriandrum sativum* L.

分 布　浙江、黑龙江、吉林、辽宁、河北、山东、安徽、江苏、江西、湖南、广东、广西、陕西、四川、贵州、云南、西藏。

花 期　4—11月。

二十二、山茶科 Theaceae

山茶属 *Camellia*

151. 茶 *Camellia sinensis*（L.）O. Ktze.

分 布 浙江及长江以南地区。

花 期 10月至翌年2月。

152. 山茶 *Camellia japonica* L.

分　布　浙江、四川、台湾、山东、江西。

花　期　1—4月。

153. 油茶 *Camellia oleifera* Abel.

分 布 从长江流域到华南各地广泛栽培。

花 期 11—12月。

二十三、山柑科 Capparaceae

白花菜属 *Cleome*

154. 醉蝶花 *Cleome spinosa* Jacq.

分　布　浙江及全国各地。

花　期　4—5月。

二十四、十字花科 Cruciferae

萝卜属 *Raphanus*

155. 萝卜 *Raphanus sativus* L.

分 布 浙江及全国各地。

花 期 4—5月。

156. 白菜 *Brassica pekinensis*（Lour.）Rupr.

分　布　浙江及全国各地。

花　期　5月。

157. 青菜 *Brassica chinensis* L.

分 布 浙江及全国各地。

花 期 4月。

二十五、石榴科 Punicaceae

石榴属 *Punica*

158. 石榴 *Punica granatum* L.

分 布　浙江及全国各地。

花 期　5—6月。

二十六、柿科 Ebenaceae

柿属 *Diospyros*

159. 柿 *Diospyros kaki* Thunb.

分 布　浙江及全国各地。

花 期　5—6月。

二十七、鼠李科 Rhamnaceae

枣属 *Ziziphus*

160. 枣 *Ziziphus jujuba* Mill.

分 布 浙江、吉林、辽宁、河北、山东、山西、陕西、河南、甘肃、新疆、安徽、江苏、江西、福建、广东、广西、湖南、湖北、四川、云南、贵州。

花 期 5—7月。

二十八、薯蓣科 Dioscoreaceae

薯蓣属 *Dioscorea*

161. 甘薯 *Dioscorea esculenta*（Lour.）Burkill

分 布 浙江、广东、海南、广西。

花 期 5月。

二十九、睡莲科 Nymphaeaceae

莲属 *Nelumbo*

162. 莲 *Nelumbo nucifera* Gaertn.

三十、仙人掌科 Cactaceae

仙人掌属 *Opuntia*

163. 仙人掌 *Opuntia stricta*（Haw.）Haw. var. *dillenii*（Ker-Gawl.）Benson

分 布 浙江、广东、广西、海南。

花 期 6—10月。

三十一、小檗科 Berberidaceae

南天竹属 *Nandina*

164. 南天竹 *Nandina domestica* Thunb.

分　布　浙江、福建、山东、江苏、江西、安徽、湖南、湖北、广西、广东、四川、云南、贵州、陕西、河南。

花　期　3—6月。

三十二、杨柳科 Salicaceae

柳属 *Salix*

165. 垂柳 *Salix babylonica* L.

分 布 浙江，长江流域与黄河流域。

花 期 3—4月。

三十三、杨梅科 Myricaceae

杨梅属 *Myrica*

166. 杨梅 *Myrica rubra*（Lour.）Sieb. *et* Zucc.

分　布　中国浙江、江苏、台湾、福建、江西、湖南、贵州、四川、云南、广西、广东；日本、朝鲜、菲律宾。

花　期　4月。

三十四、鸢尾科 Iridaceae

鸢尾属 *Iris*

167. 鸢尾 *Iris tectorum* Maxim.

分　布　浙江、山西、安徽、江苏、福建、湖北、湖南、江西、广西、陕西、甘肃、四川、贵州、云南、西藏。

花　期　4—5月。

三十五、芸香科 Rutaceae

柑橘属 *Citrus*

168. 柑橘 *Citrus reticulata* Blanco

分　布　浙江，秦岭南坡以南、伏牛山南坡诸水系及大别山区南部，向东南至台湾，南至海南岛，西南至西藏东南部海拔较低地区。

花　期　4—5月。

169. 柚 *Citrus maxima*（Burm.）Merr.

分 布 浙江及长江以南地区，最北限见于河南省信阳及南阳一带。

花 期 4—5月。

三十六、紫葳科 Bignoniaceae

梓属 Catalpa

170. 楸 *Catalpa bungei* C. A. Mey.

分 布 浙江、河北、河南、山东、山西、陕西、甘肃、江苏、湖南、广西、
贵州、云南。

花 期 5—6月。

参考文献

董霞, 2009. 蜜粉源植物学[M]. 北京: 中国农业出版社.

甘肃省养蜂研究所, 1987. 甘肃蜜源植物志[M]. 兰州: 甘肃科学技术出版社.

柯贤港, 1995. 蜜粉源植物学[M]. 北京: 中国农业出版社.

罗术东, 李海燕, 2014. 蜜蜂授粉与蜜粉源植物[M]. 北京: 中国农业科学技术出版社.

罗术东, 李勇, 2020. 西北蜜源植物[M]. 北京: 化学工业出版社.

徐万林, 1992. 中国蜜粉源植物[M]. 哈尔滨: 黑龙江科学技术出版社.

周云龙, 2004. 植物生物学[M]. 北京: 高等教育出版社.

中文学名索引

中文学名索引

183

拉丁学名索引

拉丁学名索引

185

拉丁学名索引